BEI GRIN MACHT SICH IHR WISSEN BEZAHLT

- Wir veröffentlichen Ihre Hausarbeit, Bachelor- und Masterarbeit

- Ihr eigenes eBook und Buch - weltweit in allen wichtigen Shops

- Verdienen Sie an jedem Verkauf

Jetzt bei www.GRIN.com hochladen und kostenlos publizieren

Bibliografische Information der Deutschen Nationalbibliothek:

Die Deutsche Bibliothek verzeichnet diese Publikation in der Deutschen National-
bibliografie; detaillierte bibliografische Daten sind im Internet über http://dnb.d-
nb.de/ abrufbar.

Dieses Werk sowie alle darin enthaltenen einzelnen Beiträge und Abbildungen
sind urheberrechtlich geschützt. Jede Verwertung, die nicht ausdrücklich vom
Urheberrechtsschutz zugelassen ist, bedarf der vorherigen Zustimmung des Verla-
ges. Das gilt insbesondere für Vervielfältigungen, Bearbeitungen, Übersetzungen,
Mikroverfilmungen, Auswertungen durch Datenbanken und für die Einspeicherung
und Verarbeitung in elektronische Systeme. Alle Rechte, auch die des auszugsweisen
Nachdrucks, der fotomechanischen Wiedergabe (einschließlich Mikrokopie) sowie
der Auswertung durch Datenbanken oder ähnliche Einrichtungen, vorbehalten.

Impressum:

Copyright © 2018 GRIN Verlag
Druck und Bindung: Books on Demand GmbH, Norderstedt Germany
ISBN: 9783668689602

Dieses Buch bei GRIN:

https://www.grin.com/document/412028

Mira Lorenz

Die Intuition des Menschen. Mehr als nur ein Bauchgefühl?

Evolutionäre Betrachtung der Intuition des Menschen

GRIN Verlag

GRIN - Your knowledge has value

Der GRIN Verlag publiziert seit 1998 wissenschaftliche Arbeiten von Studenten, Hochschullehrern und anderen Akademikern als eBook und gedrucktes Buch. Die Verlagswebsite www.grin.com ist die ideale Plattform zur Veröffentlichung von Hausarbeiten, Abschlussarbeiten, wissenschaftlichen Aufsätzen, Dissertationen und Fachbüchern.

Besuchen Sie uns im Internet:

http://www.grin.com/

http://www.facebook.com/grincom

http://www.twitter.com/grin_com

Rahmenthema im Leitfach Biologie

Wie einzigartig ist der Mensch? Evolutionsbiologische Betrachtungen

Thema

DIE INTUITION DES MENSCHEN: MEHR ALS NUR EIN BAUCHGEFÜHL?

Theoretische und empirische Beleuchtung der Intuition als Lösungsstrategie bei Aufgabenstellungen

Mira Lorenz

November 2017

DANK

Ich danke allen Schülerinnen und Schülern der Klassen, die bereitwillig als Versuchspersonen an dem Experiment meiner Seminararbeit teilnahmen.

Ebenso danke ich den Lehrkräften, die, mit großem Verständnis für mein Anliegen, ihre Stunden für den Versuch zur Verfügung stellten.

Ich danke Miriam Cherkaoui und Simona Kabs, die als engagierte Versuchsleiterinnen mit mir das Experiment durchführten.

Mein Dank gilt auch Dr. Inge Schreyer vom Staatsinstitut für Frühpädagogik, die mir bei der Konzeption und Ausarbeitung meines Versuchs eine große Unterstützung war.

Und nicht zuletzt gilt mein Dank meiner Betreuungslehrerin Frau Primas, die mich bei meinem etwas ungewöhnlichen Thema der Seminararbeit immer motivierend unterstützte und für alle Fragen und Probleme ansprechbar war.

Mira Lorenz

Inhaltsverzeichnis

1. EINLEITUNG

„Mit Logik kann man Beweise führen, aber keine neuen Erkenntnisse gewinnen. Dazu gehört Intuition.", das sagte der bedeutende, französische Mathematiker und Physiker Henri Poincaré (Fröse 2015, S. 130). Die Aussage mag auf den ersten Blick überraschen, gilt doch die Logik nicht erst seit heute als das gemeinhin wertvollste Bewertungskriterium für Erkenntnisse und Entscheidungen.

Geht man jedoch zurück in die Zeit des Mittelalters, zeigt sich die Intuition nicht nur als ein anerkanntes, sondern als hoch geschätztes Prinzip der Gewinnung von Erkenntnis; so bewertete sie etwa der einflussreiche Philosoph Baruch von Spinoza als die höchste von drei Erkenntnisarten (Hager 2014). Erst ungefähr ab 1730 rückte das logische und eigenständige Denken, der Rationalismus, in den Vordergrund und begründete die Zeit der Aufklärung.

Dieses Rationalitätsprinzip hat bis heute Bestand. Fragestellungen oder Probleme gilt es genau zu recherchieren und Ergebnisse müssen nachvollziehbar, überprüfbar und belegbar sein. Verstärkt wurde dieser Anspruch durch die Vielzahl der digital zur Verfügung stehenden Informationen. Die Intuition als Erkenntnis- und Entscheidungsprinzip besitzt deshalb in unserer Gesellschaft keine große Akzeptanz; häufig wird sie belächelt und als inneres Gefühl abgewertet. Daher werden auch Experimente, die versuchen, einen Nachweis für die Bedeutung von Intuition zu erbringen, oft vorschnell und zu Unrecht nicht der Wissenschaft, sondern der Esoterik zugeordnet.

Ist die menschliche Intuition also tatsächlich nur ein Bauchgefühl und zu ungenau, um sich bei Entscheidungen darauf zu verlassen, oder schenkt man den Gegenstimmen einiger Wissenschaftler Glauben und bewertet die Intuition als eine Chance für unser tägliches Leben? Kann Intuition zu neuen Erkenntnissen führen, so wie es Henri Poincaré behauptet, oder lockt sie uns auf falsche Fährten? Und, mit Blick auf die Evolution, ist unsere Intuition vielleicht ein verbesserter Instinkt und damit ein Distinktionsmerkmal zum Tier?

2. EIN GENAUER BLICK AUF INTUITION

2.1. WAS IST INTUITION? DEFINITION UND ABGRENZUNG

„Intuition" ist nicht eindeutig definiert, weder begrifflich noch inhaltlich. Je nach Wissenschaftsbereich und Erklärungsinteresse unterscheiden sich sowohl die Termini als auch die Definitionen. In der Literatur wird mit einem ähnlichen Verständnis auch von „Unterbewusstsein", „System 1", oder auch „Sechstem Sinn" gesprochen (Dijksterhuis 2010; Kahneman 2012). Auch im Rahmen dieser Arbeit werden die Begriffe weitgehend gleichbedeutend verwendet. Doch was bezeichnen sie konkret und von welchem genauen Verständnis von Intuition geht die vorliegende Arbeit aus?

Eine hilfreiche Definition von Intuition findet sich bei Tobias C. Haupt: *„Intuition ist [somit] die zentrale Fähigkeit zur Informationsverarbeitung und zur angemessenen Reaktion bei großer Komplexität der zu verarbeitenden Daten. Sie führt sehr oft zu optimalen Ergebnissen"* (Haupt 2009, S. 520-521).

Mit einem solchen Verständnis von Intuition beschäftigt sich die Wissenschaft in sehr unterschiedlichen Bereichen, unter anderem in Bezug auf Wirtschaftsorganisationen (Weibler & Küpers 2012, S. 457-478), im Kontext von Informatik (Weigend 2007), oder auch als Strategieansatz für Verkaufsoptimierungsmodelle (Tusche 2010), um nur einige Themenfelder zu nennen.

Der zentrale Rahmen dieser Arbeit ist der Blick auf die Intuition im Rahmen von alltäglichen Entscheidungen; sie nähert sich ihm über die grundlegende evolutionsbezogene Frage, in wie weit Intuition den Menschen einzigartig macht.

Im Anschluss an eine theoretische Betrachtung der Intuition, wird dann auf einen neueren Bereich der bisherigen Forschung fokussiert, bei dem die Intuition als Lösungsstrategie im Mittelpunkt steht. Dieser Bereich wird auch durch eine eigene empirische Untersuchung ergänzt, bei der gezeigt wird, unter welchen Bedingungen Intuition in die Irre führen kann.

Abschließend wird noch kurz auf den Aspekt „Schule und Intuition" eingegangen.

2.2. INTUITION ALS DISTINKTIONSMERKMAL ZWISCHEN TIER UND MENSCH

Warum werden nur Tiere mit einem Instinkt geboren und wir Menschen nicht? Bei Tieren sichern die Instinkte das Überleben. Beim Menschen, der ja nach Nikolaas Tinbergen ein instinktreduziertes Wesen ist (Unger 2013), muss es andere Mechanismen geben. An diesem Punkt kommt die Intuition ins Spiel; sie übernimmt bei Menschen weitestgehend die Aufgaben der Instinkte, ist aber nicht mit diesen gleichzusetzen, und lässt ihn einzigartig gegenüber der Tierwelt werden. Um zu zeigen, worin diese Einzigartigkeit besteht, braucht es zuerst einen genaueren Blick auf den Instinkt.

Früher wurden Instinkte – man bezeichnet sie in der Literatur etwa auch als „Reiz-Reaktionsschema - als eine Art Antrieb zur Handlung verstanden. Heute weiß man, dass sie ererbte Handlungsabfolgen sind, die durch bestimmte Schlüsselreize ausgelöst werden. Diese Schlüsselreize können äußerlich sein, wie zum Beispiel gewisse Temperaturveränderungen oder die Abfolgen der Jahreszeiten. Sie können aber auch von innen heraus entstehen, verursacht etwa durch Hormone oder durch einen Mangel an Glucose. Ist dieser Schlüsselreiz beziehungsweise die Kombination aus mehreren solcher Reize gegeben sowie eine zwingend notwendige „innere Bereitschaft" vorhanden, wird ein passender, genetisch programmierter (Beller 2010), angeborener „auslösender Mechanismus" (AAM) freigesetzt. Dieser Mechanismus wiederum untergliedert sich in mehrere Teile, die jeweils einzeln, durch spezifische Schlüsselreize, aktiviert werden müssen. Der Mechanismus endet mit einer Instinkthandlung. Die Intensität des ausgeführten Instinkts hängt ausschließlich von dem Schlüsselreiz und der inneren Bereitschaft ab.

Das Charakteristische an Instinkthandlungen ist, dass sie zwingend und in streng koordinierten, unveränderlichen Abläufen bis zum Ende ausgeführt werden und zwar unabhängig davon, ob das eigentliche Ziel des Instinktauslösers erfüllt ist. Die Abfolge kann zu keinem Zeitpunkt bewusst gesteuert oder beendet werden. Einmal ausgelöst kann auf den Ablauf kein Einfluss mehr genommen werden. Im Leben von Tieren sind Instinkte überlebenswichtig und ihr Leben kann durch die Abfolge verschiedener Reiz-Reaktionsmuster vollständig beschrieben werden. Varianten ergeben sich nur, wenn sich die Ziele der AAM´s, also die jeweiligen Instinkthandlungen, nicht unmittelbar erfüllen. Dann sinkt die, für die Instinkthandlung notwendige innere Bereitschaft kurzfristig ab, steigt aber relativ schnell wieder an und der Instinkt wird erneut ausgelöst. Eine dauerhafte Unterdrückung führt zu einer enormen Triebsteigerung und kann letztendlich sogenannte „Leerlaufhandlungen" (Instinkthandlungen ohne Ziel) produzieren, die keinen Anreiz mehr benötigen. Zum Beispiel würde der Frosch eine imaginäre Fliege verfolgen und bis zur Schluckbewegung fortfahren, ohne jemals zuvor eine Fliege anvisiert zu haben. (vgl. Horst Bayrhuber 1989, S. 273-282).

Anhand dieser Beschreibung von Instinkt scheint er wenig mit der menschlichen Intuition zu tun zu haben und erst recht lässt sich keine Einzigartigkeit des Menschen ableiten. Unter dem Aspekt der Überlebensfähigkeit wird der Zusammenhang aber schnell klar. Wenn ein Mensch geboren wird, weist er zwar, ähnlich den Tieren, einige angeborene Mechanismen wie beispielsweise den Saugreflex oder die Klammerbewegung auf, diese verschwinden allerdings nach ein paar Monaten wieder (Beller 2010). Er braucht deshalb etwas anderes, was sein Überleben sichert. Es ist sein Bewusstsein. Doch dieses ist nicht in allen Situationen hilfreich, da es vergleichsweise langsam arbeitet. Und so besitzt der Mensch noch ein zweites „System", das ähnlich schnell wie Instinkte, aber dennoch beeinflussbar funktioniert; es ist die Intuition. Sie hilft etwa in Gefahrensituationen schnell eine Entscheidung zu treffen oder dann, wenn es unserem Bewusstsein nicht möglich ist, eine Vielzahl zur Verfügung stehender Informationen für eine Entscheidung auszuwerten. Intuition macht deshalb den Menschen, in Kombination mit dem Bewusstsein, einzigartig (vgl. Abb. 1).

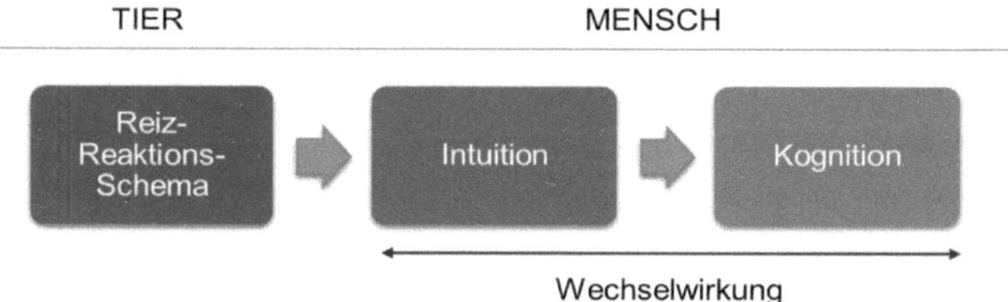

Abb. 1   Unterschiede in den Bewusstseinsstufen bei Tier und Mensch

Die Intuition ist also eine Art „bewusster Instinkt", die im Verlauf der Evolution zunehmend ausgereift ist. Das Hauptaugenmerk der Intuition ist somit unser Überleben, indem sie Gefahren schnell – oft in Sekundenbruchteilen – erkennt, bevor diese von unserem Bewusstsein realisiert werden (Kahneman 2012, S. 50; Schultz 2011).

Der große Unterschied zum Instinkt des Tieres ist allerdings, dass der Mensch bewusst entscheiden kann, ob er seiner Intuition, also den instinktähnlichen Handlungen, folgt. Und er kann diese Handlungen auch erneut dem Bewusstsein unterwerfen und eine wohlüberlegte und bewusste Entscheidung treffen. Dabei, so stellen Forscher klar, ist die bewusste Variante nicht in jedem Fall die bessere, vor allem dann nicht, wenn die Situation komplex und gegebenenfalls gefährlich ist (Gigerenzer 2013, S. 147&167). Eine zweite Besonderheit beim Menschen besteht darin, dass Verhaltensmuster und motorische Bewegungen, die beim Tier gänzlich vererbt sind, nur in sehr rudimentären Teilen angeboren sind. Sie müssen somit erst mühsam erlernt werden (Beller 2010). Die Einzigartigkeit des Menschen liegt darin, dass er nicht „instinktiv" jeder Intuition folgen muss, allerdings mit dem „Preis der Evolution", dass Neugeborene erst alle Handlungsmuster erlernen müssen. Dies eröffnet Menschen die Möglichkeit, neue motorische, intellektuelle und kulturelle Fähigkeiten zu erlernen (Dijksterhuis 2010, S. 23). Tiere dagegen sind in ihrer Welt „gefangen".

Neben intellektuellen, kulturellen und den hauptsächlich biologischen Vorteilen unserer menschlichen Intuition im Vergleich zum tierischen Instinkt, gibt es weitere spezifische verhaltensbiologische Vorzüge.

Wir Menschen müssen uns einem weitaus komplexeren Lebensraum in unserem Verhalten anpassen, als es den Tieren, mit ihrer „Nische" in ihrem relativ konstanten Lebensraum gegeben ist. Der Klimawechsel und die Zerstörung der Lebensräume der Tiere sind zwar nicht zu vernachlässigen, aber im Vergleich zu unserer menschlichen Welt, bleibt die Tierwelt, aus Sicht der Verhaltensdeterminanten, weitestgehend statisch. Deshalb können Tiere ihre seit Jahrtausenden bestehenden Instinkte grundlegend beibehalten und sich trotzdem immer zurechtfinden. Der Lebensraum von Menschen aber ist von immensen Fortschritten und Veränderungen geprägt. Unsere Umwelt verändert sich fortlaufend, jede Sekunde müssen wir neue, wichtige und oft auch lebensbestimmende Informationen aufnehmen. Diese Informationsflut muss permanent gefiltert und bewertet werden, um situationsangepasst reagieren zu können. Auch auf diese, nie abgeschlossene Anpassungsleistung richtet sich Intuition. Denn hätte der Mensch seit Jahrtausenden nur (die gleichen) Instinkte, wäre Fortschritt, so wie wir ihn kennen, nicht möglich, denn wir könnten nicht flexibel auf neue, veränderte Lebensumstände reagieren. Genau deshalb ist unser „Instinktersatz", unsere Intuition, ebenfalls lebensnotwenig.

Zusammenfassend lässt sich resümieren, dass Tiere durch ihre vererbten Instinkte unabdingbare Vorteile in ihrer Lebenswelt haben, da sie Verhaltensmuster nicht erst erlernen müssen. Für den Menschen ergeben sich aber ungleich höhere Überlebenschancen, da er seine Verhaltensmuster sowohl an seine Lebensbedingungen aktiv anpassen kann, als auch seine intuitiv, aus der Situation heraus getroffenen Entscheidungen, bewusst überdenken und gegebenenfalls ändern kann. Er besitzt also eine Mischung aus einer hervorragenden Intuition und einem Bewusstsein, das diese Intuition überwacht und tatkräftig unterstützt. Dies ist eine unschlagbare Kombination, die beim Menschen in dieser Form einzigartig ist und die eine Welt geschaffen hat, in der wir heute leben können.

2.3.   WIE FUNKTIONIERT INTUITION?

Intuition ist keineswegs nur ein diffuses Bauchgefühl, sondern, so zeigen aktuelle Forschungsdaten im Rahmen der Analyse von Gehirnverletzungen (Dijksterhuis 2010, S. 10), neurobiologisch genau verortbar, da ihr ein bestimmtes Areal im Gehirn zugeordnet werden kann. Interessant ist dabei, dass nahezu alle Bereiche unseres Gehirns, bis auf wenige Teile der Großhirnrinde, von unserem Unterbewusstsein, assoziativ beeinflusst werden. Die Forschung geht derzeit davon aus, dass Intuition vor allem im „Orbitofrontalen Cortex" lokalisiert ist (Lenzen 2015). Daraus lässt sich schlussfolgern, dass ein Großteil der Vorgänge im Gehirn zu jeder Zeit unbewusst abläuft (Dijksterhuis 2010, S. 13). Allerdings können intuitive „Handlungsvorschläge" ins Bewusstsein gelangen und können situationsbedingt, wenn notwendig, bewusstem Denken unterworfen werden (Gigerenzer 2008, S. 54).

Aber was ist Intuition jetzt genau? Bereits zu Anfang des 20. Jahrhunderts führte Sigmund Freud den Begriff des Unbewussten im Rahmen seiner psychoanalytischen Forschungen in die Wissenschaft ein. Nach Stangl meinte er damit „ein[en] Gehirnspeicher für meist inakzeptable Gedanken, Wünsche, Gefühle und Erinnerungen" (Stangl 2017). Heute wird weitgehend übereinstimmend von einer anderen Funktionsweise des Unterbewussten ausgegangen. Angenommen wird, dass es erfahrungsbasiert funktioniert und sich gewisser „Faustregeln", auch Heuristiken genannt, bedient (Gigerenzer 2008, S. 72). Dies sind Regeln, die als grobe Richtwerte für unsere Intuition fungieren. Im Zusammenhang der vorliegenden Arbeit ist dabei vor allem eine „Faustregel" von Bedeutung, die Gigerenzer als „Rekognitionsheuristik" bezeichnet. Sie basiert auf dem Prinzip, dass wir aus mehreren Lösungsvorschlägen intuitiv die Lösung auswählen, die wir am häufigsten gehört haben bzw. die uns am bekanntesten erscheint (Gigerenzer 2008, S. 15-16). Diese Rekognitionsheuristik, wie alle anderen Regeln auch, und das ist ausschlaggebend, versucht also nicht durch Abwägen aller zur Verfügung stehenden Informationen, die beste Entscheidung zu treffen, sondern konzentriert sich ausschließlich auf die als wesentlich bewerteten Informationen (Gigerenzer 2008, S. 21).

Intuitive Eindrücke sind also Ergebnisse unseres Unterbewusstseins. Sie tauchen rasch und unerklärlich in unserem Bewusstsein auf und sind dabei, ihrem Wesen nach, so überzeugend, dass sich unser Bewusstsein im Normalfall nach ihnen richtet (Gigerenzer 2013, S. 143).

Trotz der nicht 100-prozentigen Sicherheit dieser Eindrücke (Gigerenzer 2008, S. 125), neigen die meisten Menschen in ihrem Alltag unbewusst dazu, ihrem Bauchgefühl in vielen Situationen zu vertrauen. Zudem ist erwiesen, dass viele Menschen ähnliche Intuitionen teilen (Gigerenzer 2008, S. 25; Kahneman 2012, S. 17). Dabei scheint das Vertrauen in unsere Intuition auch nicht ganz falsch zu sein, denn in sehr vielen Situationen vollbringt sie wahre Kunststücke. Eingeübte Fähigkeiten vollziehen sich mühelos und vollkommen automatisch (Gigerenzer 2008, S. 43), schwierige Fragen „beantwortet" unsere Intuition, indem sie die Fragen vereinfacht und die Lösungsfindung so erleichtert (Kahneman 2012, S. 128). Zudem ist die Intuition sehr einflussreich, denn sie erzeugt viele unserer Entscheidungen und Urteile (Kahneman 2012, S. 25).

Durch sie werden hoch komplexe Muster in unseren bewussten Vorstellungen erzeugt, ihr gelingt es aber auch, einfache Beziehungen zu erkennen. Sie reagiert schnell und sehr gründlich auf jegliche Art unerwarteter Ereignisse (Kahneman 2012, S. 52&70). Unsere Intuition weiß, in welcher Situation sie welche Regeln anwenden muss und kann, im Falle einer Fehleinschätzung, sofort umdisponieren (Gigerenzer 2008, S. 27, 58; lutzland 2008).

Und trotz all dieser bisherigen Erkenntnisse, ist dieses „gigantische Netzwerk", welches vollständig autark, nach einem kleinen Denkanstoß arbeitet und uns am Ende überraschend eine Lösung präsentiert, noch lange nicht vollständig erforscht (Dijksterhuis 2010, S. 17). Im Gegenteil, auch jetzt noch wird Intuition häufig nur als Bauchgefühl belächelt oder in den Bereich der Esoterik eingeordnet. Sie besitzt immer noch einen eher zwiespältigen Ruf und wird oft als unzuverlässig und tendenziell fehleranfällig verurteilt. Auch große Unterschiede zwischen der männlichen und der weiblichen Intuition sind immer noch in den Köpfen der Leute verankert, obwohl mittlerweile viele Wissenschaftler das Gegenteil bewiesen haben (Gigerenzer 2008, S. 83). Ähnliche Vorurteile, wie sie schon seit dem Beginn der Geschichte zur Intuition bestehen.

Anfangs stand es um den „Ruf der Intuition" gar nicht so schlecht. Im abendländischen Denken hatte sie einen sehr hohen Stellenwert (Haupt 2009). Man glaubte fest daran, dass nur Engel Intuition besitzen würden und dass diese ihnen zu einer „unfehlbaren Klarheit" verhelfen würde. Den Menschen hingegen blieb diese „Art des Denkens" verwehrt (Gigerenzer 2013, S. 144).

Im Verlauf der Jahrhunderte hat sich allerdings eine Situation zweier gegensätzlicher Lager herausgebildet, wie sie auch heute noch zu erkennen ist. Die eine Seite, die für die Existenz und den Nutzen der Intuition plädiert und jene zweite, die ihre Bedeutung vehement verneint.

Bekannte Persönlichkeiten, wie Leonardo da Vinci im 16. Jhd., oder Friedrich Nietzsche und Goethe im 18-19. Jahrhundert, teilten die Auffassung, dass es sich lohne der Intuition bei komplexen Problemen zu vertrauen. Nach ihrer Überzeugung könnte Intuition sogar eine stärkere und bedeutendere Stellung einnehmen, als unser Bewusstsein (Dijksterhuis 2010, S. 36&45f.). Auch die heutige Wissenschaft betont die Wichtigkeit der Intuition und richtet den Fokus der Forschung zunehmend mehr auf das Unbewusste und somit auch auf die Intuition.

Doch auch die Allgemeinheit, die sich hingegen noch nicht mit dem Gedanken anfreunden kann sich vollständig auf die Intuition zu verlassen, findet sich in der Geschichte wieder. Sie ist eher dem zweiten Lager zuzuordnen, den so genannten Rationalisten. Unter denen finden sich Namen wie René Descartes, der das Bewusstsein in den absoluten Mittelpunkt rückt (Dijksterhuis 2010, S. 10&43), oder Charles Darwin, der den intelligenten und energiegeladenen Mann mit der mitleidigen und intuitiven Frau verglich (Gigerenzer 2008, S. 81). Sie alle teilten die Ansicht, dass nicht die Intuition, sondern das rationale Denken, die „wertvollste Tätigkeit des Menschen" sei (Dijksterhuis 2010, S. 10).

2.4. INTUITION ALS MEHRWERT UND RISIKO

Wenn, wie beschrieben, Menschen Intuition besitzen, dann stellt sich die Frage, in welchen Situationen es klug ist, sich auf sie zu verlassen und wann nicht. Grundsätzlich lässt sich festhalten, dass der Einsatz von Intuition in verschiedenen Bereichen und Situationen sinnvoll erfolgen kann, vor allem dann, wenn diese sehr komplex sind. Es ist gerade nicht der Fall, dass sich komplexe Probleme ausschließlich und verlässlich nur durch Logik oder Berechnung lösen lassen (Iutzland 2008; Gigerenzer 2013, S. 144). Dabei kann die Intuition, besonders in komplexen Situationen, im Widerspruch zu logischen Argumenten stehen (Gigerenzer 2008, S. 112). Aber Gigerenzer würde ihr die „tiefe Intelligenz" bescheinigen (Gigerenzer 2008, S. 58), da sie, von Geburt an, ohne bewusste Aufmerksamkeit sehr schnell und trotzdem sehr zuverlässig arbeitet und auch kausale Verknüpfungen ohne großen Aufwand erkennt (Kahneman 2012, S. 140&232). Dies gelingt, weil unsere Intuition, wie in Kapitel 2.3 ausgeführt, nach gewissen Faustregeln arbeitet.

Eine, für das Lösen von Aufgaben notwendige Heuristik ist die Strategie „Take-the-Best" (Gigerenzer 2008, S. 26&162). In komplexen Situationen, wo auf unser Gehirn Tausende von Informationen einströmen, ist unser Bewusstsein mit seiner relativ geringen Aufnahmekapazität schnell überfordert, zu langsam und zu ungenau. Unser Unterbewusstsein, also auch unsere Intuition, hingegen kann 22.000-mal mehr Informationen schnell und mühelos verarbeiten

(Dijksterhuis 2010, S. 24-30; Kahneman 2012, S. 36; Haupt 2009), weil es nur die wichtigsten Informationen selektiert – Take-the-Best (Gigerenzer 2008, S. 162; Haupt 2009).

Aber Intuition besitzt dennoch nicht nur Vorteile, sondern auch einige Nachteile. Zum einen sind die „Gedankengänge" der Intuition für unser Bewusstsein nicht wirklich zugänglich. Dies führt dazu, dass intuitive Eindrücke bzw. Entscheidungen im Nachhinein nicht artikulierbar sind. Entscheidungen aber, deren Lösungsweg nicht beschreibbar ist, sind allgemein nicht sehr akzeptiert, sie werden als unzuverlässig bzw. falsch abgetan. Daraus resultiert, dass im Nachhinein ein objektiver Grund für die intuitive Entscheidung gefunden werden muss, was sich oft als problematisch erweist. (Gigerenzer 2008, S. 23&24; Dijksterhuis 2010, S. 13&14). Außerdem kann das „Muster" der Intuition ein weiteres Problem darstellen. Sie achtet bei der Auswahl der Informationen nicht auf die Verlässlichkeit der Quelle, auch mit Statistik und Logik kann sie wenig anfangen (Kahneman 2012, S. 38). Es ist ihr also „egal", ob Falsches oder Richtiges verarbeitet wird. Auch legt sie keinen Wert auf die Qualität oder Quantität der Informationen, denn sie verarbeitet einfach alles (Kahneman 2012, S. 113&192&232). Darüber hinaus können wir nicht beurteilen, ob unsere Intuition mit vielen oder wenigen Informationen gearbeitet hat. All dies wäre nicht problematisch, wenn wir mit unserem Bewusstsein die Informationen, die es von unserem Unterbewussten erhält, erneut überprüfen würden, aber dazu ist unser Bewusstsein häufig zu „faul" (Kahneman 2012, S. 192&194). Wir besitzen also die Begabung, unsere Unkenntnis gekonnt zu verdrängen (Kahneman 2012, S. 249).

3. EIN EXPERIMENT ZUM RISIKO INTUITIVER LÖSUNGSSTRATEGIEN

Die Vor- und Nachteile von Intuition können beschrieben und diskutiert werden; wenn es aber um Zusammenhänge geht, also um Ursache und Wirkung, wird man erst dann verlässliche Antworten bekommen, wenn man eine empirische Herangehensweise wählt. Nachfolgend soll deshalb der Aspekt geprüft werden, ob bei bestimmten Aufgabenstellungen intuitive Entscheidungsstrategien auch in die Irre führen können, d.h. kognitiven Entscheidungen unterlegen sind. Dies soll mit Hilfe einer kleinen empirischen Untersuchung analysiert werden, die im schulischen Kontext durchgeführt wurde.

3.1. HYPOTHESE DER UNTERSUCHUNG

Auf der Basis der theoretischen Überlegungen wurde im Vorfeld der empirischen Untersuchung eine Hypothese entwickelt, die für die Auswertung der Daten handlungsleitend ist. Sie formuliert Bedingungsfaktoren für die Treffsicherheit von intuitiven bzw. kognitiven Lösungsstrategien:

„Wenn alle für eine richtige Lösung erforderlichen Informationen vorliegen und die Aufgabenstellung wenig komplex ist, führt Intuition häufig zu unerwünschten bzw. falschen Entscheidungsergebnissen. Die Häufigkeit falscher Ergebnisse ist dabei höher als bei rationalen Entscheidungen."

Diese Hypothese wird zusätzlich in Abhängigkeit von zwei Personenmerkmalen, dem Geschlecht und dem Alter der Versuchspersonen (VP), betrachtet, um zu klären, ob diese bei intuitiven Entscheidungen eine Rolle spielen.

3.2. UNTERSUCHUNGSDESIGN

Aufbau der Untersuchung: Die Hypothese wurde im Rahmen einer zweistufigen Untersuchung geprüft, wobei Stufe eins das eigentliche Experiment zur Überprüfung der Hypothese umfasste und Stufe zwei aus einer ergänzenden schriftlichen Befragung der Versuchspersonen (VP) bestand. Die Untersuchung wurde im schulischen Kontext durchgeführt. Versuchsleiter waren, neben der Autorin, zwei weitere Schülerinnen der Jahrgangstufe 11. Als Versuchspersonen wurden Schüler ausgewählt, aus je zwei Klassen der 7. Jahrgangsstufe mit ins-gesamt N= 49 Schülern und je zwei Klassen der 11. Jahrgangsstufe mit insgesamt N=42 Schüler. Sowohl der Ablauf, als auch die Protokollierung der Untersuchung wurden standardisiert, um eine Wiederholbarkeit sicher zu stellen. Dem Datenschutz wurde entsprochen.

Experiment (Schritt Eins): Als Design wurde ein Experiment mit Experimentalgruppe und Kontrollgruppe gewählt. Die Experimentalgruppe bestand aus VP mit einer intuitiven Lösungsstrategie, die Kontrollgruppe aus VP mit kognitiver Lösungsstrategie. Allen VP wurden zwei einfache Aufgaben aus dem Bereich der Mathematik gestellt, in mündlicher wie auch in schriftlicher Form, um alle Lerntypen zu berücksichtigen (Rosendahl 2010, S. 30ff.). Die Lösung der Aufgabe sollte mündlich gegeben werden. Die erste Aufgabe war eine leichte Einstiegsfrage („Eine Klasse mit 41 Kindern schreibt 2 Schulaufgaben im Jahr. Wie viele Schulaufgaben muss die Lehrkraft in dieser Klasse insgesamt im Jahr korrigieren?"), die den VP lediglich Sicherheit geben sollte. Sie wurde nicht ausgewertet. Die eigentliche Testfrage war Frage zwei, bei der die Richtigkeit der Antwort (sie ist die Zielvariable, d.h. abhängige Variable) in Abhängigkeit von den Prädiktoren (= unabhängige Variablen) „Gruppe" (Experimental- bzw. Kontrollgruppe), „Klassenstufe" und „Geschlecht" der Schüler gemessen wurde.

Testfrage: Die Anforderungen an eine geeignete Testfrage im Experiment waren sehr hoch: Die Form der Aufgabenstellung sollte den Schülern vertraut sein, es musste eine eindeutig richtige Antwort geben, die auch in sehr kurzer Zeit zu finden war, sie musste alle, für die richtige Lösung erforderlichen und schnell erfassbaren Informationen enthalten und sie musste bei den VP sowohl eine intuitive wie eine rationale Antwort provozieren können. Nach umfangreicher Recherche erwies sich die Wiederholung der Testfrage eines klassischen Experiments (Kahneman 2012, S. 61f.) als besonders geeignet, wobei sie auf den organisatorischen und inhaltlichen Rahmen dieser Arbeit angepasst wurde. Die Testfrage lautete:

„Ein Schläger und ein Ball kosten zusammen 1,10 €. Der Schläger kostet einen Euro mehr als der Ball. Wie viel kostet der Ball?" Richtige Antwort: 0,05 €

Alle VP erhielten die gleiche Testfrage. Bei ungefähr der Hälfte wurde in der Anmoderation betont, dass die Aufgabe sehr einfach und „mit deiner Erfahrung ohne großes Nachdenken" schnell zu beantworten sei. Zudem wurde die Frage nach dem Vorlesen wieder verdeckt. Diese VP bildeten die Experimentalgruppe (intuitive Gruppe). Bei den anderen VP wurde in der Anmoderation hervorgehoben, dass viel Zeit zur Beantwortung der Frage zu Verfügung stehe und eine richtige Antwort besser sei als eine schnelle. Bei Bedarf durften sie die Frage öfter durchlesen. Diese VP bildeten die Kontrollgruppe (kognitive Gruppe).

Schriftliche Befragung (Schritt Zwei): Die VP erhielten einen kurzen Fragebogen, den sie schriftlich beantworten sollten. Er war in drei Blöcke untergliedert und umfasste insgesamt 13 Fragen, deren Ziel es war, zusätzliche Informationen zu den VP zu erfassen, die für die Interpretation der in Schritt Eins gefundenen Ergebnisse hilfreich sein konnten. Konkret wurde etwa danach gefragt, ob die Zeit für die Beantwortung der Testfrage als ausreichend erlebt wurde, ob die schulische Erfahrung hilfreich für die Beantwortung der Frage gewesen war und wie man die eigene Antwortstrategie im Alltag einschätzt (Anhang E).

Ablauf der Gesamtuntersuchung: Der Versuch wurde bei den teilnehmenden vier Klassen nacheinander an zwei verschiedenen Tagen durchgeführt. Die Schüler erhielten vor Beginn der Untersuchung eine Einführung über deren Ziel und Ablauf. Zugleich bekamen sie eine Versuchsnummer zugeteilt, anhand derer ihre Experiment- und Befragungsergebnisse in anonymisierter Form protokolliert wurden. Zur Beantwortung der Sicherheits- und Testfrage (Schritt Eins) wurden die Schüler einzeln und nacheinander an einen Tisch außerhalb des Klassenraums gebeten. Gruppe, Geschlecht, Klasse, Richtigkeit der Antwort, Antwortdauer sowie eventuelle Besonderheiten wurden von den Versuchsleitern protokolliert. Anschließend wurden die Schüler, in einem zweiten Raum, um die Beantwortung des zusätzlichen Fragebogens gebeten. Diese Versuchsanordnung stellte sicher, dass Schüler, die am Experiment teilgenommen hatten, keine Informationen über die Testfragen an jene weitergaben, die noch nicht aufgerufen worden waren. Auf Nachfragen der Schüler wurde während des Tests keine Auskunft gegeben, da alle relevanten Informationen in der Einführung und der Anmoderation des Experiments gegeben worden waren. Die Auflösung der Testfrage erfolgte nach Abschluss der Untersuchung gemeinsam mit allen Schülern.

3.3.   DARSTELLUNG DER ERGEBNISSE

3.3.1. Grunddaten der Auswertung

Alle Schüler, die an den Tagen des Experiments in der Schule waren, nahmen am Versuch teil. Es gab keine Verweigerungen, so dass die ursprüngliche Stichprobe der realisierten Stichprobe entsprach. Vor der Berechnung der Ergebnisse wurden die Daten bereinigt. Zum einen wurden zwei VP, die die Testfrage bereits gekannt hatten, aus dem Datensatz entfernt; weiterhin wurden in der Experimentalgruppe nur diejenigen belassen, deren Antwortzeit maximal 5 sec. war und in der Kontrollgruppe nur VP mit einer Antwortzeit von größer 5 sec. Die „Ausreißer" (N=21) wurden der jeweils anderen Gruppe zugeschlagen. In Tabelle 1 finden sich die Grunddaten des Experiments:

Tab. 1   Deskriptive Statistik

	Experimen-talgruppe		Kontroll-gruppe		Gesamt	
	N	%	N	%	N	%
Versuchspersonen	46	50,5	45	49,5	91	100
Prädiktoren						
Geschlecht						
männlich	12	25,7	23	74,3	35	38,5
weiblich	34	51,8	22	48,2	56	61,5
Jahrgangsstufe						
Klasse 7	26	53,1	23	46,9	49	53,8
Klasse 11	20	47,6	22	52,4	42	46,2

Insgesamt 91 Schüler nahmen an dem Experiment teil, 50,5% wurden der Experimentalgruppe und 49,5% der Kontrollgruppe zugerechnet. Bei den VP dominierten die Schülerinnen mit knapp 62% zu knapp 39% Schülern. Gut die Hälfte besuchten eine 7. Klasse und 46,2% eine 11. Klasse.

3.3.2. Prüfung der Hypothese

In der Hypothese galt es zu prüfen, ob intuitive Lösungsstrategien häufiger zu falschen Ergebnissen führen als kognitive Strategien, wenn alle für die richtige Lösung erforderlichen Informationen überschaubar vorliegen (wie in der Testfrage). Tabelle 2 zeigt die entsprechenden Ergebnisse des Experiments:

Tab. 2   Ergebnisse zur Hypothese

	Experimental-gruppe		Kontroll-Gruppe		Gesamt	
	N	%	N	%	N	%
Versuchspersonen	46	50,5	45	49,5	91	100
Richtigkeit der Antworten						
richtig	6	13,0	20	44,4	26	28,6
falsch	40	87,0	25	55,6	65	71,4
In % Spalten		100		100		
Mittelwert Antwortdauer	2,6 sec.		34,8 sec.		18,5 sec.	

Entlang der Gruppeneinteilung unterscheiden sich die Antwortzeiten stark voneinander; in der intuitiven Gruppe wurde durchschnittlich nach 2,6 sec. eine Antwort gegeben, in der kognitiven Gruppen erhöhte sich die Antwortzeit um das rund 13-fache auf 34,8 sec. Erwartungsgemäß sind auch die Anteile richtiger bzw. falscher Antworten. Von den 46 VP, die intuitiv geantwortet hatten, kamen 13% auf das richtige Ergebnis und 87% antworteten falsch. In der Gruppe der VP mit kognitiver Antwortstrategie stieg die Trefferquote auf 44,4%, die Fehlerquote sank auf 55,6%. Somit zeigt sich ein Unterschied von 31,4 Prozentpunkten zwischen der Fehleranfälligkeit intuitiver Ergebnisse im Vergleich zu kognitiv gefundenen Ergebnissen dann, wenn es um Aufgabenstellungen geht, wie in der Hypothese definiert. Eine grafische Darstellung verdeutlicht noch einmal die großen Unterschiede zwischen den Gruppen (Abb. 2)

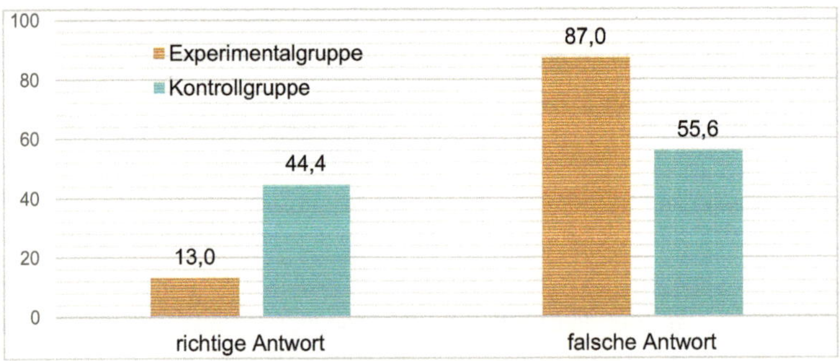

Abb. 2   Anteil richtiger und falscher Aufgabenlösungen in der Experimental- und Kontrollgruppe; Angaben in Prozent der Gruppen

Insgesamt ist also festzustellen, dass die VP, die sich bei der Beantwortung der Testfrage auf ihre Intuition verließen, mehr als dreimal so häufig zu falschen Ergebnissen kamen wie die VP, die sich auf ihre Kognition verließen. Dieses Ergebnis wird auch durch eine Prüfung des Zusammenhangs (Korrelation) zwischen der Antwortdauer und der Richtigkeit des Ergebnisses unterstützt, die zeigt, dass mit der Länge der Antwortdauer auch die Wahrscheinlichkeit einer richtigen Antwort zunimmt (r_{sp} -.24, p<.05[1]): Die Hypothese wird somit bestätigt.

Einfluss der Jahrgangsstufe: Es stellt sich die Frage, ob die Jahrgangsstufe der VP, somit deren Alter, bei dem Ergebnis eine Rolle spielt, ob also jüngere Schüler besser oder schlechter bei der Testfrage abschneiden als ältere Schüler. In Tab. 3 sind die Ergebnisse erst einmal nur für die Experimentalgruppe dargestellt. Sie zeigen, dass bei den intuitiv antwortenden VP jene der 7. Klassen mit 14,4% richtigen Antworten etwas besser abschneiden als jene der 11. Klassen (10,0% richtige Antworten). Entsprechend gaben 84,6% der 7. Klasse und 90% der 11. Klasse eine falsche Antwort. Die mittlere Antwortdauer unterscheidet sich dabei nur sehr gering (2,65 sec. zu 2,55 sec.), so dass diese als Erklärung für die Klassenunterschiede kaum in Frage kommt.

Tab. 3   Ergebnisse der Experimentalgruppe aufgeschlüsselt nach Jahrgangsstufen

	7. Klassen		11. Klassen		Gesamt	
	N	%	N	%	N	%
VP Experimentalgruppe	26	56,5	20	43,5	46	100
Antwort auf Testfrage						
richtig	4	15,4	2	10,0	26	28,6
falsch	22	84,6	18	90,0	65	71,4
In % Spalten		100		100		
Mittelwert Antwortdauer	2,65 sec.		2,55 sec.		2,61 sec.	

---

[1] Alle im Text angegebenen Berechnungen von Korrelationen (nach Spearman) wurden mit dem Statistikprogramm SPSS durchgeführt. Bühl, A. Zöfel. P. (2005). SPSS 12 Einführung in die moderne Datenanalyse unter Windows. Pearson Studium: München; alle anderen Berechnungen mit dem Programm Excel.

Betrachtet man hingegen die Ergebnisse ausschließlich für die Kontrollgruppe (Tab. 4) bekommt man ein anderes Bild; bei einem kognitiven Antwortverhalten sind nun die VP der 11. Klassen besser als jene der 7. Klassen. Bei den 7. Klassen gaben 34,8% eine richtige Antwort, bei den 11. Klassen mehr als jede zweite VP (54,5%), wobei diese Gruppe auch eine durchschnittlich knapp 3 sec. längere Antwortzeit zeigte.

Tab. 4   Ergebnisse der Kontrollgruppe aufgeschlüsselt nach Jahrgangsstufen

	7. Klassen		11. Klassen		Gesamt	
	N	%	N	%	N	%
VP Kontrollgruppe	23	51,1	22	48,9	45	100
Antwort auf Testfrage						
richtig	8	34,8	12	54,5	20	44,4
falsch	15	84,6	10	45,5	25	55,6
In % Spalten		100		100		
Mittelwert Antwortdauer		33,39 sec.		36,23 sec.	34,78 sec.	

Vergleicht man die Ergebnisse der Experimental- mit der Kontrollgruppe (Abb. 3), bestätigt sich, wie in der Hypothese formuliert, dass sowohl die VP der 7. Klassen wie jene der 11. Klassen häufiger die richtige Antwort geben, wenn sie nicht intuitiv, sondern kognitiv antworten. Die VP der 7. Klassen verbessern sich

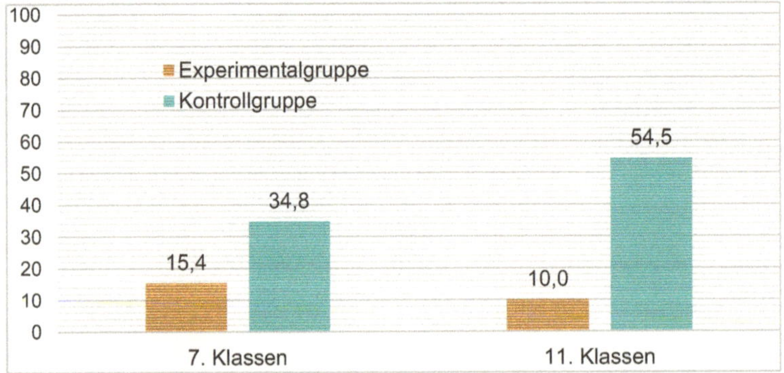

von 15,4% richtige Antworten auf 34,8%, die VP der 11. Klassen, noch deutlicher, von 10,00% auf 54,5%.

Abb. 3   Anteil richtiger Aufgabenlösungen in der Experimental- und Kontrollgruppe nach Jahrgangsstufen; Angaben in Prozent der Gruppen

Einfluss des Geschlechts: Bei einer Prüfung, ob das Geschlecht der VP ebenfalls einen Einfluss besitzt, errechnet sich, vorerst nur für die Experimentalgruppe, das folgende Ergebnis (Tab. 5):

Tab. 5   Ergebnisse der Experimentalgruppe nach Geschlecht der VP

	Männliche VP		Weibliche VP		Gesamt	
	N	%	N	%	N	%
VP Experimentalgruppe	12	26,1	34	73,9	46	100
Antwort auf Testfrage						
richtig	4	33,3	2	5,9	6	13,0
falsch	8	66,7	32	94,1	40	87,0
In % Spalten		100		100		
Mittelwert Antwortdauer	2,92 sec.		2,50 sec.		2,61 sec.	

Wie die Zahlen verdeutlichen, erreichen männliche VP sichtlich ein besseres Ergebnis als weibliche VP. Während bei den Mädchen nur 5,9% auf das richtige Ergebnis kommen, sind es bei den Jungs 33,3%. Allerdings haben diese eine etwas längere Antwortzeit (2,92 sec. zu 2,50 sec.). Auch der Blick in die Kontrollgruppe (Tab. 6) zeigt keine Veränderung zugunsten der Mädchen; sie schneiden erneut schlechter ab und das, obwohl sie die etwas längeren Antwortzeiten aufweisen (35,59 sec. zu 34,00 sec.). Während bei den männlichen VP immerhin 52,2% die richtige Antwort gaben, sind es bei den weiblichen VP nur 36,4%.

Tab. 6   Ergebnisse der Kontrollgruppe aufgeschlüsselt nach Geschlecht der VP

	Männliche VP		Weibliche VP		Gesamt	
	N	%	N	%	N	%
VP Kontrollgruppe	23	51,1	22	48,9	45	100
Antwort auf Testfrage						
richtig	12	52,2	8	36,4	20	44,4
falsch	11	47,8	14	63,6	25	55,6

In % Spalten	100	100	
Mittelwert Antwortdauer	34,00 sec.	35,59 sec.	34,78 sec.

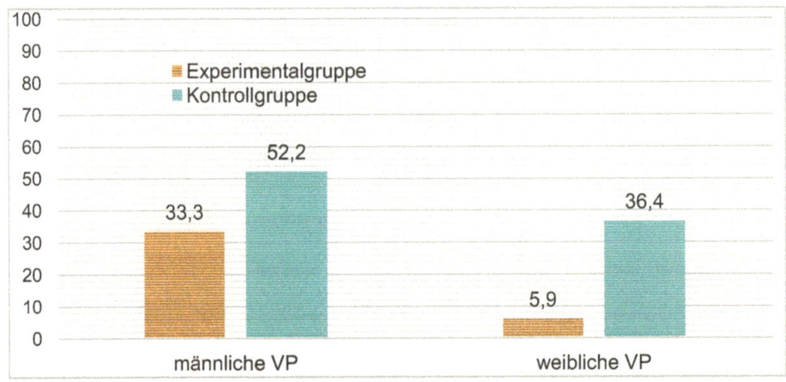

Für beide Gruppen aber gilt, wie hypothetisch formuliert, dass der Anteil richtiger Antworten in der Kontrollgruppe höher ausfällt als in der Experimentalgruppe. Auch hier wird also die Hypothese bestätigt.

Abb. 4 Anteil richtiger Aufgabenlösungen in der Experimental- und Kontrollgruppe nach Geschlecht; Angaben in Prozent der Gruppen

Erneut zeigt sich somit die intuitive Antwortstrategie der kognitiven unterlegen (Abb. 4). Betrachtet man die Korrelation zwischen Antwortdauer und Richtigkeit der Antwort für beide Gruppen, errechnet sich ausschließlich für die Mädchen ein Zusammenhang dahingehend, dass mit einer längeren Zeit des Nachdenkens auch die Wahrscheinlichkeit einer richtigen Lösung steigt (r_{sp}=-.32, p<05); bei den Jungs ist kein statistischer Zusammenhang nachweisbar.

3.4. DISKUSSION DER UNTERSUCHUNGSERGEBNISSE

Unter der Bedingung vollständiger und überschaubarer Informationen erweisen sich kognitive Entscheidungsstrategien den intuitiven überlegen – so kann man die Ergebnisse des Experiments kurz zusammenfassen. Das Alter der VP ebenso wie das Geschlecht besitzen zwar einen Einfluss auf die Wahrscheinlichkeit einer richtigen Antwort, der in der Hypothese formulierte Zusammenhang zwischen Entscheidungsstrategie und Ergebnis bestätigt sich aber auch hier.

Dabei fallen die Unterschiede nach Klassen eher klein und erwartbar aus. Dass VP der 11. Klassen mit kognitiver Antwortstrategie besser abschneiden als VP der 7. Klassen, kann vermutlich mit ihrer längeren schulischen Erfahrung erklärt werden. Dass sie bei intuitiven Entscheidungen den jüngeren Schülern unterlegen sind, war nicht unbedingt zu erwarten, denn angeblich nimmt mit den Jahren auch die intuitive „Altersweisheit" zu (Dijksterhuis 2010, S. 17-18). Auch gaben die Schüler beider Klassenstufen im Fragebogen in ähnlich geringem Umfang an, dass die schulische Erfahrung ihnen bei der Lösung geholfen hätte. Zugleich mag die etwas längere Antwortzeit der 11. Klassen von Vorteil gewesen sein; diese deckt sich mit dem Ergebnis des Fragebogens, wo die Elftklässler häufiger als die Siebtklässler angaben, auch im Alltag eher „gut überlegt" als spontan zu entscheiden (sechsstufige Skala von 1=sehr spontan, 6=gut überlegt").

Auffälliger sind hingegen die doch sehr deutlichen Unterschiede nach Geschlecht, wonach Mädchen sowohl in der Experimental- wie der Kontrollgruppe seltener eine richtige Antwort gaben als Jungs. Auch im Fragebogen bewerteten sie die eigene Schulerfahrung für das Lösen der Aufgabe als weniger hilfreich. Zugleich schätzten die Mädchen ihr Verhalten im Alltag signifikant „spontaner" ein. Überraschend sind diese Ergebnisse jedoch nicht; so gehören Mädchen nach den Ergebnissen der PISA-Studien in Deutschland und vielen anderen Ländern häufig zu den sogenannten „Low Performern" in Mathematik (PISA 2016, S. 67ff.). Auch einige neurowissenschaftliche Genderstudien sehen bei Frauen eher intuitivere Problemlösungsstrategien und bestätigen deren Unterlegenheit bei mathematischen Schlussfolgerungen (Hilbig, 2000). Psychologische Studien verweisen vor allem auf unterschiedliche Selbstwirksamkeitserwartungen von Jungen und Mädchen bezüglich naturwissenschaftlichen Aufgaben (Körner & Ihringer 2016, S. 106-140).

Diese im Experiment gefundenen Ergebnisse geben wichtige Hinweise auf Zusammenhänge; sie können allerdings nicht den Anspruch erheben, für alle Alters- bzw. Personengruppen repräsentativ zu sein, da sie aufgrund der Abhängigkeit vom schulischen Kontext und teils sehr kleiner Fallzahlen in den Untergruppen nicht generalisierbar sind. Dafür wäre noch weitere Forschung nötig – und sicher lohnenswert.

24

4. INTUITION UND SCHULE: EINE KLEINE ANREGUNG?

Wenn Intuition so wertvoll für uns Menschen sein kann, dann stellt sich die Frage nach dem Stellenwert, den sie in unserem Bildungssystem besitzt. Wird sie in der Schule bewusst berücksichtigt und gefördert und wenn ja, in welchem Umfang?

Gigerenzer ist der Meinung, dass unser heutiges Bildungssystem der Intuition fast keinen Stellenwert mehr zuschreibt (Gigerenzer 2008, S. 25). Intuition wird in der Schule bislang kaum thematisiert, sie wird nicht hinterfragt, selten genützt und selten trainiert. Die Schule setzt in der Regel auf Kognition und damit auf Nachvollziehbarkeit. Die meisten Aufgabenstellungen sind so formuliert, dass sie kognitiv richtig lösbar sind, d.h. sie enthalten alle notwendigen Informationen in überschaubarer Zahl. Das hat sicherlich seine Berechtigung, denn allein mit Intuition wäre kein Lernen, keine Wissensaneignung und kein Fortschritt möglich. Auch müssen die Leistungen der Schüler verlässlich und nachvollziehbar bewertet werden können, was bei intuitiven Strategien nicht möglich ist. Doch die Aufgaben, die das Leben an Schüler außerhalb der Schule stellt, sind eben oft komplex und nicht immer kognitiv zu lösen. Häufig entstehen neue und unbekannte Situationen, wo es schnelle und dennoch gute Lösungen – also intuitive Lösungen braucht. Und wenn man berücksichtigt, dass die Welt immer komplexer wird und, wie eingangs in dieser Arbeit beschrieben, diese Komplexität vor allem erst mit Intuition beherrschbar wird, dann wäre es sicherlich gut, auch intuitive Strategien im Rahmen der Schule mehr als bislang zu berücksichtigen und zu üben – nicht auf Kosten kognitiver Strategien, sondern zusätzlich zu ihnen.

LITERATURVERZEICHNIS

Bayrhuber, Horst; Kull, Ulrich: Lindner Biologie. 20. neuberbeitete Auflage, Schroedel Schulbuchverlag, Hannover 1989.

Beller, Bernhard: Anthropologie und Ethik bei Arnold Gehlen. Inaugural-Dissertation im Fach Philosophie. Ludwig-Maximilians-Universität München, 2010.

Dijksterhuis, Ap. Das Kluge Unbewusste - Denken mit Gefühl und Intuition. J.G. Cotta'sche Buchhandlung, Stuttgart 2010.

Fröse, Marlies W: Emotion und Intuition in Führung und Organisation. Springer Gabler, Wiesbaden 2015.

Gigerenzer, Gerd: Bauchentscheidungen: Die Intelligenz des Unbewussten und die Macht der Intuition. 13. Auflage, Wilhelm Goldmann Verlag, München 2008.

Gigerenzer, Gerd: Risiko: Wie man die richtigen Entscheidungen trifft. C. Bertelsmann Verlag, München 2013.

Hager, Maik (2014): Zur Definition und Interpretation des Begriffs Intuition. https://goo.gl/G2YcXH (Stand: 03. November 2017).

Haupt, Tobias Constantin: Intuition wird oft belächelt. In: Forschung & Lehre. 16, 2009, S.520-521.

Hilbig, Heidegard (2000): Geschlechtsunterschiede aus neurowissenschaftlicher Sicht. http://bit.ly/2wcnVoF (Stand: 03. November 2017).

Kahneman, Daniel: Schnelles Denken, langsames Denken. 23. Auflage, Siedler Verlag, München 2012.

Körner, Hans-Dieter; Susanne Ihringer (2016): Vielfalt geschlechtergerechten Unterrichts.Ideen und konkrete Umsetzungsbeispiele für Sekundarstufen. https://goo.gl/xGPfsG (Stand:04.11.2017).

Lenzen, Manuela (2015): DAS UNBEWUSSTE IST WOHLINFORMIERT. https://www.dasgehirn.info/denken/intuition/das-unbewusste-ist-wohlinformiert (Stand:04.11.2017).

lutzland.05 (2008): Wie reagieren Menschen auf wachsende Komplexität ?. https://goo.gl/eHwpMk (Stand: 03. November 2017).

Nordgren, Loran F.; Dijksterhuis, Ap; Bos, Maarten W.: The best of both worlds: Integrating conscious and unconscious thought best solves complex decisions. In: Journal of Experimental Social Psychology. 47, 2010.

PISA (2016): Low-Performing Students. WHY THEY FALL BEHIND AND HOW TO HELP THEM SUCCEED. https://goo.gl/5h3iA3 (Stand: 04.11.2017).

Rosendahl, Johannes: Selbstreguliertes Lernen in der dualen Ausbildung. W. Bertelsmann Verlag, Bielefeld 2010.

Schultz, Nora: Wie man die Macht des Unterbewusstseins nutzt. In: Spiegel online, 2011.

Stangl, Werner (2017): Online Lexikon für Psychologie und Pädagogik. https://goo.gl/f8AFvr (Zugriff am 29. Oktober 2017).

Tusche, Anita; Bode, Stefan; Haynes, John-Dylan: Neural Responses to Unattended Products Predict Later Consumer Choices. In: Journal of Neuroscience. 30, 2010.

Unger, Richard Paul (2013): Die soziale Konditionierung als Erhalt der menschlichen Spezies. I , Me und Self - Wer bin ich eigentlich?. https://goo.gl/umA1Kj (Stand: 05. November 2017).

Weibler, Jürgen; Küpers, Wendelin: Intelligente Entscheidungen in Organisationen. Zum Verhältnis von Kognition, Emotion und Intuition. In: Intelligent Decision Support - Current Challenges and Approaches. 2012, S. 457-478.

Weigend, Michael: Intuitive Modelle der Informatik. Disortation im Fach Didaktik der Informatik . Universität Potsdam, 2007.

ABBILDUNGSVERZEICHNIS

TABELLENVERZEICHNIS

ANHANG

A) Allgemeine Anmoderationen

Mein Name ist Mira Lorenz und gehe in die 11 Klasse.

Jeder der in der 11. Klasse ist, muss eine wissenschaftliche Arbeit schreiben. In meinem Fall, brauche ich für diese Arbeit auch einen Versuch, und ich hoffe, dass ihr mich dabei unterstützt. In meinem Versuch möchte ich überprüfen, wie sich Routine auf das Lösen von Aufgaben auswirkt.

Dafür habe ich zwei Fragen mitgebracht, die ich gerne jedem von euch stellen möchte. Es sind zwei kurze Textaufgaben, aus dem Bereich der Mathematik.

Aber keine Angst, es sind ganz einfache Aufgaben, die man bereits im Mathe-Buch der 3. Klasse finden kann.

Bei dem Versuch unterstützen mich die Miriam und die Simona.

Ich möchte euch kurz erklären, wie der Versuch konkret abläuft:

1. Der Versuch ist anonym, ich werde keine Namen von euch notieren. Das einzige was ich euch gebe ist ein Zettel mit einer Nummer. Hebt diesen Zettel bitte gut bis zum Ende auf! Wir werden ihn dann auch wieder einsammeln.
2. Nachdem ich euch alles erklärt habe, werdet ihr in der Reihenfolge eurer Nummern einzeln von der Miriam oder mir nach draußen geholt, wo jeder in Ruhe die zwei Fragen mündlich beantworten kann.
3. Derjenige, der die Fragen beantwortet hat, geht danach bitte sofort und leise nicht in diesen Raum zurück, sondern in den Raum 212, zur Simona.
4. In Raum 212 findet ihr drei große Papiere, auf denen jeweils eine Frage steht, einmal zum Thema Bauchgefühl, zum Thema Rationalität und einmal zum Thema Instinkt bei Tieren. Auf diesen Blättern könnt ihr alles festzuhalten was euch zu der Frage spontan einfällt. Ihr könnt etwas schreiben, wie ein Gedicht, könnt aber auch etwas malen. Was euch einfällt.
5. Und ganz am Schluss, wenn alle die zwei Fragen bei Miriam und mir beantwortet haben, gibt es noch einen kurzen Fragenbogen der vielleicht 3 Minuten braucht, um beantwortet zu werden. (Nummer später sagen!!)
6. Und damit ihr bei all den Fragen nicht verhungert, gibt's zwischendurch eine kleine Süßigkeit

Zwei große Bitten habe ich noch an euch, und die sind auch wirklich sehr sehr wichtig sind.

1. Ich werde den Versuch noch mit anderen Klassen durchführen. Er kann dort aber nur funktionieren, wenn ihr zumindest diese Woche mit keinem anderen Schüler über diesen Versuch redet.
2. Wir haben heute 1 ½ Stunden Zeit, und damit wir nicht in die Pause überziehen müssen, bitte ich euch leise und zügig mitzumachen, und auf das zu hören was eure Lehrerin bzw. wir drei sagen.

B) Anmoderation Fragen

Ich lese dir jetzt nacheinander <u>zwei</u> Fragen vor, die du auch mitlesen kannst. Es sind sehr leichte mathematische Textaufgaben, die du mit deiner langjährigen Erfahrung problemlos richtig und vor allem sehr schnell lösen kannst. Die richtige Antwort teilst du mir dann einfach mit, und ich schreibe sie auf. Das wars dann schon. Also starten wir mit Frage 1 [*Frage hinlegen und vorlesen, danach gleich wieder wegnehmen*]

Ich lese dir jetzt nacheinander zwei Fragen vor, die du auch mitlesen kannst. Es werden mathematische Textaufgaben sein, die du mit deiner langjährigen Erfahrung gut lösen kannst. Nimm dir dennoch bei der Beantwortung der Frage ausreichend Zeit. Eine richtige Antwort ist besser als eine schnelle. Du kannst dir bis zu **1 1/2 Minuten** Zeit lassen. Die Antwort teilst du mir dann einfach mit, und ich schreibe sie auf. Das Wars dann schon. Also starten wir mit Frage 1 [*Frage hinlegen und vorlesen, Frage liegen lassen*]

C) Fragen

Eine Klasse mit **41** Kindern schreibt **2** Schulaufgaben im Jahr.

Wie viele Schulaufgaben muss die Lehrkraft in dieser Klasse insgesamt im Jahr korrigieren?

Ein Schläger und ein Ball kosten zusammen **1,10** Euro.

Der Schläger kostet **einen Euro** mehr als der Ball.

Wie viel kostet der Ball?

D) Testbogen

Klassenstufe 11 (1)

Fragestellung   **intuitiv** ○   **rational** ○

Nummer _______________

Männlich   ○

Weiblich   ○

Antwort **Frage 1**   Richtig ○   Falsch   ○ (82)

Antwort **Frage 2**   Richtig ○   (5 Ct)
                             Falsch   ○   (10 Ct)
                        Ganz falsch ○   (andere Antwort/keine A.)

Frage 2: Sekunden bis zur Antwort _______________

Besonderheiten: ____

E) Fragebogen

Deine Nummer: ___________

Kreuze an, welches Land mehr Einwohner hat

   ○ Myanmar   ○ Thailand

Kreuze an, welche Stadt mehr Einwohner hat

   ○ Innsbruck   ○ Salzburg

Fragen zu Textaufgabe 1 (Schulaufgaben, die Lehrer korrigieren muss)

1. Ich kannte diese Frage bereits (bitte ehrliche Antwort)   ○ Nein   ○ Ja

2. Meine Antwort auf die Frage ist... ○ richtig

                                  ○ ich würde jetzt eine andere Antwort geben

3. Meine Antwort war ...   ○ spontan

                                  ○ gut überlegt

4. Ich hatte genug Zeit für die Antwort   ○ Nein   ○ Ja

5. Ich denke, dass mir meine Erfahrungen aus der Schule bei der Beantwortung der Frage geholfen hat

trifft gar nicht zu	trifft kaum zu	trifft ziemlich zu	trifft genau zu
○	○	○	○

Fragen zu Textaufgabe 2 (Schläger und Ball)

1. Ich kannte diese Frage bereits (bitte ehrliche Antwort)   ○ Nein   ○ Ja

2. Meine Antwort auf die Frage ist... ○ richtig

                                  ○ ich würde jetzt eine andere Antwort geben

3. Meine Antwort war ...   ○ spontan

                                  ○ gut überlegt

4. Ich hatte genug Zeit für die Antwort   ○ Nein   ○ Ja

5. Ich denke, dass mir meine Erfahrungen aus der Schule bei der Beantwortung der Frage geholfen hat

trifft gar nicht zu	trifft kaum zu	trifft ziemlich zu	trifft genau zu
○	○	○	○

Was trifft auf dich zu: Normalerweise treffe ich Entscheidungen eher...

sehr spontan	○	○	○	○	○	○	gut überlegt

BEI GRIN MACHT SICH IHR WISSEN BEZAHLT

- Wir veröffentlichen Ihre Hausarbeit,
  Bachelor- und Masterarbeit

- Ihr eigenes eBook und Buch -
  weltweit in allen wichtigen Shops

- Verdienen Sie an jedem Verkauf

Jetzt bei www.GRIN.com hochladen
und kostenlos publizieren